Vorgetragen in der Sitzung am 12. Juni 1972
Manuskript eingeliefert am 22. Januar 1973
Druckfertig erklärt am 7. Dezember 1973

Erschienen im Akademie-Verlag, 108 Berlin, Leipziger Str. 3–4

Lizenznummer: 202 · 100/597/73
Gesamtherstellung: VEB Druckhaus „Maxim Gorki", 74 Altenburg
Bestellnummer: 761 951 3 (2025/52/2) · LSV 1305
Printed in GDR

EVP 4,50

In dichtbesiedelten Industrieländern wie der DDR unterliegen die meisten Gewässer einer Belastung durch kommunale oder industrielle Abwässer bzw. durch Agrochemikalien. In Seen wird infolge der erhöhten Zufuhr von Pflanzennährstoffen aus Abwässern und gedüngten landwirtschaftlichen Nutzflächen im Regelfall viel mehr organische Substanz in Form von Planktonalgen produziert, als vom Stoffhaushalt verarbeitet werden kann. Konsequenzen dieser *Eutrophierung* sind auffällige Massenentwicklungen von Planktonalgen, welche eine Nutzung für die Trinkwasserversorgung und Erholung stark einschränken und oft völligen Sauerstoffschwund im Tiefenwasser zur Folge haben. Solange in ein Gewässer jedoch nicht so große Mengen an toxischen Substanzen gelangen, daß überhaupt keine Organismen gedeihen können, bildet sich bei jeder Belastung eine Organismengemeinschaft aus, die durch ihr Vorhandensein anzeigt, daß sie den herrschenden Umweltbedingungen angepaßt ist. Je höher die Belastung mit organischen oder anorganischen Nährstoffen, desto artenärmer, einseitiger wird die Organismengemeinschaft (Thienemann 1956, Abb. 1.) Im Extremfall entspricht das Gewässer

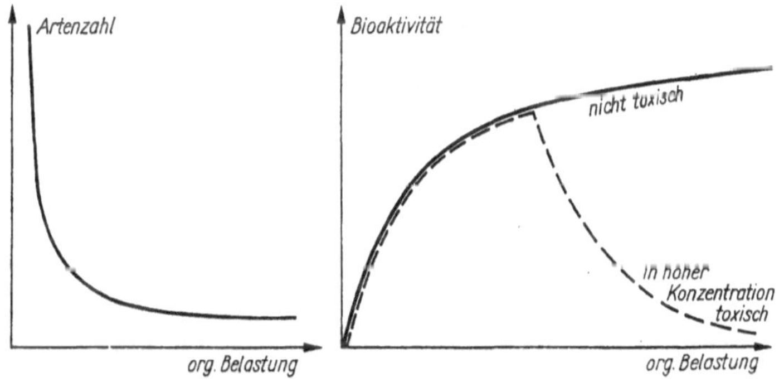

Abb. 1. Schema des Zusammenhanges zwischen der organischen Belastung eines Gewässer-Ökosystems und der Gesamtzahl der Arten bzw. der biochemischen Gesamt-Leistung.

nur noch einem biochemischen Reaktor zur Behandlung verdünnter Abwässer, in dem die gleichen Arten von Mikroorganismen vorherrschen, die auch bei der künstlichen Abwasserreinigung eine wesentliche Rolle spielen. Die Gesamtmasse an Organismen erreicht dabei oft ein sehr großes Ausmaß, so daß unerwünschte Symptome wie *Pilztreiben, Sauerstoffschwund, Geruchsbelästigung* auftreten.

Wenn in diesem Vortrag von Störungen des biologischen, d. h. des biozönotischen Gleichgewichts die Rede ist, so ist mit „Gleichgewicht" nur einer der möglichen „stabilen" Zustände gemeint. Die Folge der Störung ist eine Abweichung von jenem Ordnungsgefüge, das *vor* der Einleitung der Abwässer vorhanden war, und dessen Existenz sich in Seen anhand der Mikrostruktur des Bodensediments über Jahrtausende nachweisen läßt. Und eben diese Gleichgewichtseinstellung soll durch großtechnische Maßnahmen zur „Reparatur" eines geschädigten Ökosystems wieder erreicht werden.

In diesem Zusammenhang ergeben sich zwei Fragen:

1. Inwieweit sind Gewässer-Ökosysteme überhaupt in der Lage, ihre Struktur und Leistung gegenüber äußeren Störungen aufrechtzuerhalten?
2. Bei welcher Änderung in der Konstellation der Umweltfaktoren bildet sich ein neues biologisches Gleichgewicht aus?

Die Kennzeichnung des Gleichgewichtszustandes bereitet bei einem Ökosystem weit größere Schwierigkeiten als bei einem Einzelorganismus, sind doch beispielsweise in einem großen Binnengewässer u. U. mehr als 1000 Arten miteinander vergesellschaftet. Bereits die Beschreibung der Struktur eines solchen Systems ist schwierig, erst recht aber die Vorhersage seines Verhaltens bei Störungen. Die Biophysiker, die sich mit den Wachstumsgesetzen von Mikroorganismen befassen, haben eine berechtigte Aversion gegen eine Kausalanalyse solcher Mischpopulationen, wenn sie aus mehr als zwei Arten bestehen. Theoretisch erscheint es zunächst kaum möglich, das Verhalten eines z. B. aus 30 Arten bestehenden Ökosystems vorherzusagen. Gerade solche Systeme herrschen aber in der Natur bzw. in der Praxis vor. Ein derartiges Objekt ist das sog. Belebtschlammverfahren zur Reinigung von Abwässern mit Hilfe einer Rohkultur von Mikroorganismen. Dieses Verfahren wird von den Bauingenieuren bereits seit mehr als 50 Jahren erfolgreich praktiziert, ohne daß Biologen oder gar Biophysiker sich dabei wesentlich mit engagiert hätten, und ohne daß dabei zunächst überhaupt zur Kenntnis genommen wurde, daß es sich bei dem sog. „Belebtschlamm" nicht schlechthin um Schlamm mit der Fähigkeit autokatalytischen Wachstums, sondern um ein kompliziertes Gemisch dutzender Arten von Mikroorganismen handelt.

In einem solchen offenen System bildet sich ein Fließgleichgewicht (BERTALANFFY 1964) aus, das durch eine relativ konstant bleibende Gesamtmasse an Organismen und einen gleichbleibend niedrigen Gehalt an verwertbaren organischen Verbindungen im Ablauf gekennzeichnet ist, also einen hohen Wirkungsgrad hinsichtlich des biochemischen Abbaus aufweist. Die Abhängigkeit zwischen Biomassekonzentration einerseits und Substratkonzentration andererseits ist in einer solchen Mischpopulation ähnlich wie in einer Reinkultur (Abb. 2, 3).

Der Wirkungsgrad eines Belebtschlammbeckens ändert sich auch nicht bei Schwankungen der Belastung, solange sich die Störungen in gewissen Grenzen halten. Ausschlaggebend für dieses homöostatisierte Verhalten einer heterogenen Population ist offenbar die Menge und Zusammensetzung des angebotenen Substrats, d. h. der organischen Nährstoffe. Für dessen Abbau wird von der Organismengemeinschaft „automatisch" ein angemessenes Enzympotential zur Verfügung gestellt, das sich in unterschiedlicher Weise auf die verschiedenen Arten verteilt. Wesentlich ist offensichtlich, daß die erforderlichen „Abbauprogramme" *überhaupt* vorhanden sind, weniger, von wem, d. h., von welcher Art, sie zur Verfügung gestellt werden. Wenn also ein gewisses Nährstoffangebot vorliegt, bildet sich im Gewässer automatisch eine Organismengemeinschaft aus, die diese Nährstoffe verarbeitet. (Mit anderen Worten: Jede ökologische Nische wird besetzt.)

Infolge dieser „*biozönotischen Adaptation*" wird oft die gleiche Substratmenge auch bei unterschiedlichsten Temperaturen in etwa gleichbleibendem Umfang verarbeitet, ganz im Gegensatz zu der bekannten Abhängigkeit der biochemischen Einzelreaktionen und auch der einzelnen Arten von Mikroorganismen von der Temperatur (Abb. 4). Einigermaßen konstant, im Sinne eines stationären Zustandes, bleibt jedoch nur die biochemische Leistung des Ökosystems. Eine Konstanz wird viel weniger im Gesamtgehalt an Biomasse oder gar hinsichtlich der Individuenzahl der einzelnen Arten erreicht. Um zu klären, welche Schwankungen auf „innere Ursachen" zurückzuführen sind, kann die unter konstanten äußeren Bedingungen gehaltene Mischpopulation eines Gewässer-Modells untersucht werden, in der jeweils mehrere Arten von

Bakterien, Phytoplanktern und Zooplanktern vorhanden sind. Der Organismenbestand zeigt hinsichtlich der Populationsstruktur extrem starke Schwankungen (Abb. 4 in: UHLMANN 1972), hinsichtlich der photosynthetischen Leistung hingegen recht große Analogie zu einer Rein-

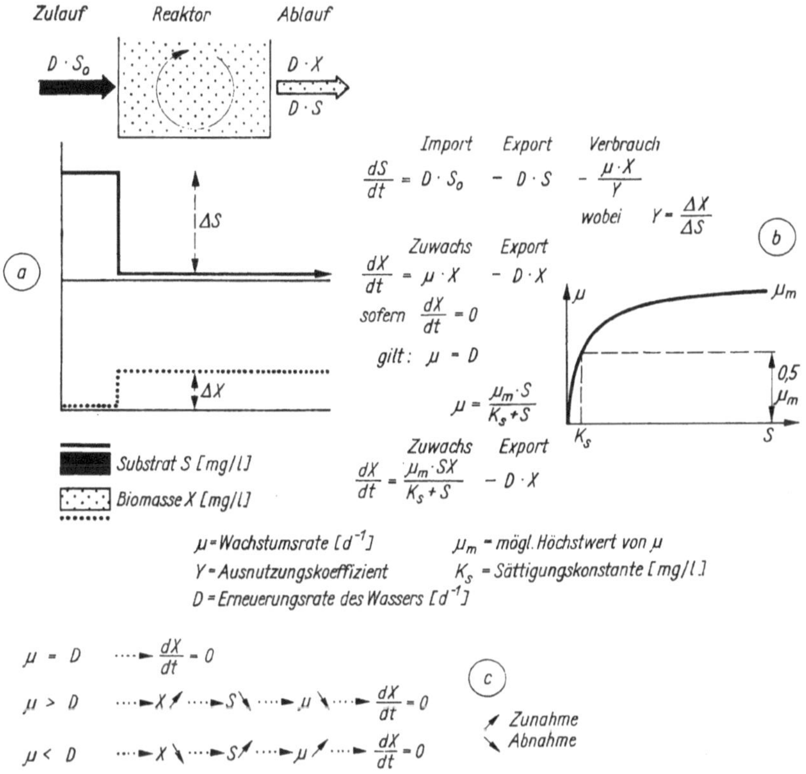

Abb. 2. Beziehung zwischen Biomassekonzentration der Bakterien und Substratangebot in der Freiwasserregion eines einfachen, homogenen Gewässer-Ökosystems (z. B. Abwasserteich), das in seinem Verhalten mit einem Mischreaktor verglichen werden kann. Schema.

a) Das importierte organische Material wird größtenteils in Biomasse umgesetzt (ΔX) sowie veratmet. Es zeigt daher eine starke Abnahme (ΔS). Im Zulauf ist nur Substrat, im Ablauf fast nur Biomasse enthalten.

b) Bilanzgleichung für die zeitliche Änderung der Biomasse- und der Substratkonzentration sowie für die Abhängigkeit der Gesamt-Wachstumsrate μ der Bakterienbiomasse vom Substratgehalt. Im Fließgleichgewicht sind $dX/dt = 0$ und $dS/dt = 0$. Die Abhängigkeit der im Fließgleichgewicht vorhandenen Biomasse- und Substratkonzentration von der Erneuerungsrate des Wasserkörpers entspricht hier weitgehend dem Verhalten einer Reinkultur (CHIU 1972).

c) Regelung des Fließgleichgewichtes bei Abweichung vom „Sollwert" $\mu = D$ gemäß den Bilanzgleichungen. Der Endzustand $dX/dt = 0$ wird bei zu starkem Wachstum durch die Substratverringerung, bei zu geringem ansteigenden Substratgehalt geregelt. ↗ = Zunahme, ↘ = Abnahme.

kultur (Abb. 5). Atmung und Photosynthese des Gesamtsystems sind viel stärker homöostatisiert als die Individuendichte der einzelnen Arten.

Daß trotz starker Schwankungen der Individuendichten die Gesamt-Umsatzleistung auf etwa dem gleichen Niveau gehalten werden kann, läßt sich allerdings vorerst nur ungenügend erklären. Offensichtlich sinkt die Umsatzleistung pro Zelle oder pro Individuum, wenn die Biomassekonzentration steigt, andererseits ist die spezifische Leistung deutlich erhöht, wenn die Biomassekonzentration auf ein niedriges Niveau gebracht wird (Abb. 6 u. 7).

Die Beantwortung der Frage, unter welchen Bedingungen auch die Biomassekonzentration sowie die Individuenzahl der einzelnen Arten ein Fließgleichgewicht erreichen können, bei dem die zeitlichen Veränderungen zumindest stark gedämpft sind, hängt wesentlich von der Gesamtzahl der vorhandenen Arten ab. Die entsprechenden Amplituden sind bei artenarmen

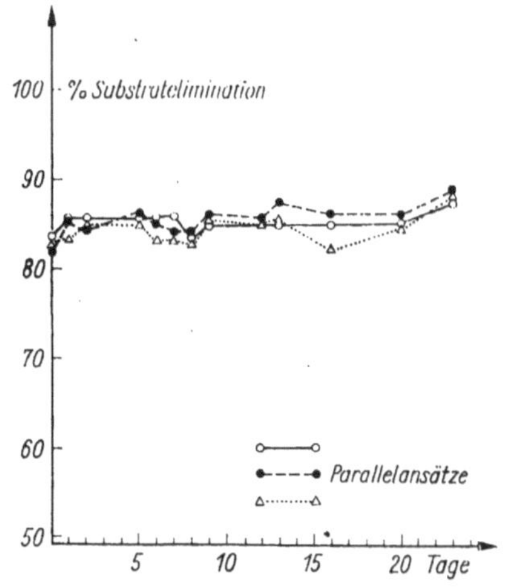

Abb. 3. Annähernde Konstanz („oszillierendes Fließgleichgewicht") der Substratelimination (siehe Abb. 2) in einem semikontinuierlichen Mikro-Ökosystem (Labormodell eines Abwasserteiches) mit extrem großen zeitlichen Schwankungen (mehrere Größenordnungen) im Anteil der einzelnen Arten (vgl. Abb. 4 in: UHLMANN 1972) Substrat: Modellabwasser (Glukose + Pepton), Belastung (als BSB_5-Sauerstoffäquivalent) 25 mg/l · d.

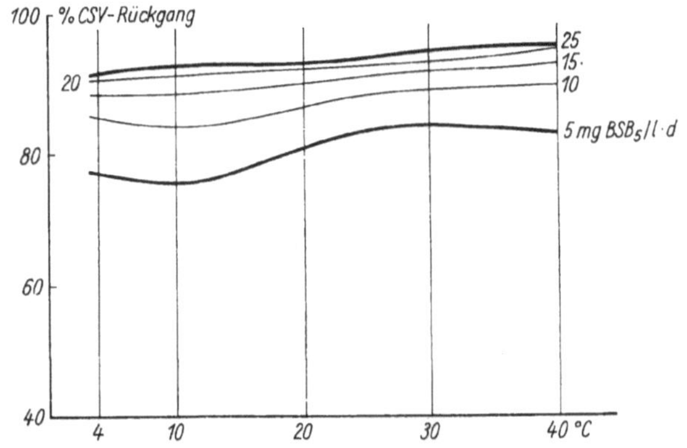

Abb. 4. Sehr geringer Einfluß der Wassertemperatur auf den biochemischen Abbau der importierten organischen Substanzen in Mikro-Ökosystemen (semikontinuierliche Labormodelle von Abwasserteichen) mit ausgeprägter biozönotischer Adaptation. Angabe der Belastung als Sauerstoff-Äquivalent (CSV_{Cr}). Nach FRITZSCHE und UHLMANN (1972). Vier verschiedene Belastungen.

Ökosystemen außerordentlich groß, und sie sind in artenreichen Ökosystemen sehr klein. Die Labilität ist bekanntlich dann besonders groß, wenn nur wenige Arten vorhanden sind, deren Wechselwirkung der klassischen „Räuber—Beute-Beziehung" entspricht. Beispielsweise kommt es in manchen Abwasserteichen im Sommer periodisch zu einem explosionsartigen Zusammenbruch der Biozönose, indem die Zooplankter die Phytoplankter wegfressen, die ihnen nicht nur Nahrung, sondern auch Sauerstoff liefern. Infolgedessen geht das Zooplankton am „selbstverschuldeten“ Sauerstoffmangel zugrunde. Dadurch haben aber wiederum die Phytoplankter die Chance, von neuem eine Massenentwicklung zu erreichen. Solche biologischen Katastrophen sind besonders dann zu erwarten, wenn innerhalb einer Nahrungskette jedes Glied nur von einer

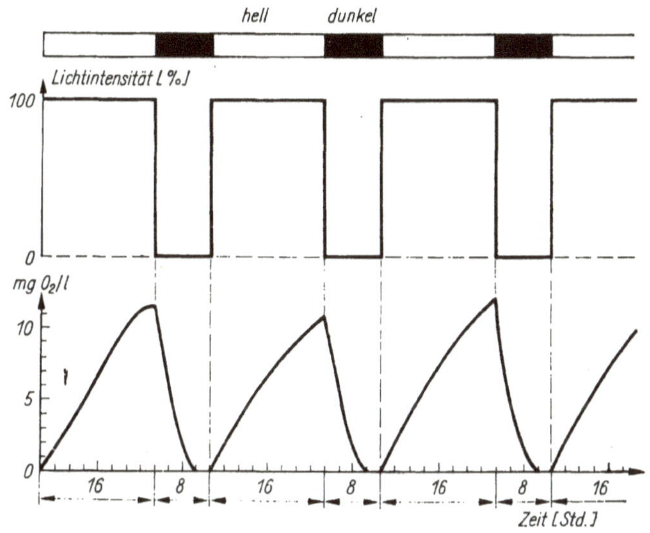

Abb. 5. Die Sauerstoffproduktion im Labormodell eines Ökosystems (Abwasserteich) als Funktion des Hell-Dunkel-Wechsels (16 Std. Beleuchtung, 8 Std. Dunkelheit; Thermostatraum 20°C). Vorherrschende Phytoplankter *Scenedesmus obliquus*, *Ankistrodesmus falcatus*, *Chlorella* spec. und *Oscillatoria* spec.

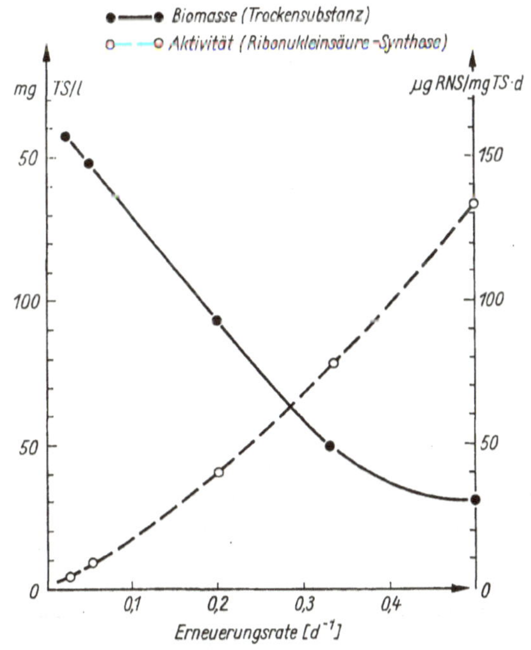

Abb. 6. Einfluß einer durch zunehmende Erneuerungsrate des Wasserkörpers hervorgerufene Verringerung der Bakterien-Biomasse in einem Mikro-Ökosystem (semikontinuierliches Labormodell eines Abwasserteiches, 20°C, Dauerdunkelheit) auf die spezifische Aktivität (Ribonucleinsäure-Synthese) der Bakterienzellen. Nach Stelzer 1972, vgl. auch Benndorf und Stelzer 1973.

einzigen Art repräsentiert wird (Abb. 8). In den Abwasserteichen kann das Zooplankton nur deshalb so ungeheuer große Individuendichten erreichen, weil Fische, die sich von Zooplanktern ernähren, fehlen. Umgekehrt ist in Karpfenteichen oft zu beobachten, daß die Fische das Zoo-

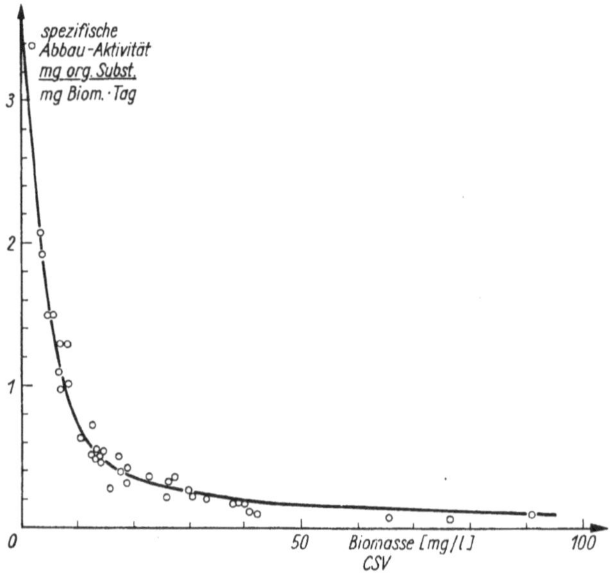

Abb. 7. Zusammenhang zwischen dem Gehalt an freisuspendierter Bakterien-Biomasse im Labormodell von Abwasserteichen (Dauerdunkelheit, sehr unterschiedliche Belastungen) und der Aktivität pro Biomasse-Einheit. Angabe der Biomasse als Sauerstoff-Äquivalent (chemischer Sauerstoffverbrauch, CSV_{Cr}). Berechnung der Ausgleichskurve als Hyperbel. Nach Fritzsche und Uhlmann (1972).

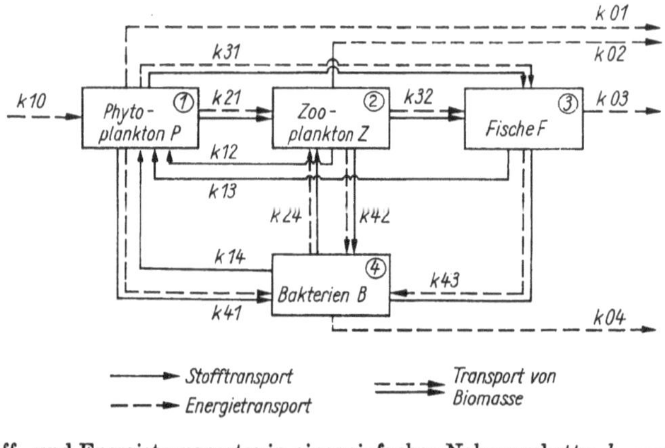

Abb. 8. Schema des Stoff- und Energietransportes in einer einfachen Nahrungskette. k_{ji} = Geschwindigkeitsbeiwert des Transportes vom i.-ten zum j.-ten Abteil. Die gleiche Struktur kann auch in Form von Differentialgleichungen beschrieben werden. Beispielsweise ist theoretisch für das Zooplankton folgender Ansatz möglich:

$$\frac{dZ}{dt} = {}^2K_{21} \cdot Z \cdot P + {}^2K_{24} \cdot Z \cdot B - {}^2K_{32} \cdot F \cdot Z - {}^1K_{42} \cdot Z - {}^1K_{02} \cdot Z$$

Nahrungsaufnahme — Verluste durch: Gefressenwerden, Absterben, Veratmung von körpereigenem Material

${}^1K$ bzw. ${}^2K$ bezeichnen Reaktionen erster bzw. zweiter Ordnung. Weitere Verlustgrößen sind in dem extrem einfachen Modell nicht „vorgesehen". Die Einstellung eines Fließgleichgewichtes $dZ/dt = 0$ ist unter den gegebenen Bedingungen sehr unwahrscheinlich.

plankton zu stark dezimieren, so daß sich wiederum das „Zwischenprodukt" Phytoplankton zu stark anhäuft, weil es nicht weiterverarbeitet, nämlich vom Zooplankton gefressen werden kann. Dies hat wiederum zur Folge, daß sich die Düngung als wesentlichste produktionssteigernde Maßnahme überhaupt nicht im erwarteten Umfang auf das Endprodukt, den Fisch, auswirkt; also dort nicht „ankommt". Hingegen bestehen in einem artenreichen Ökosystem sehr viele Parallelbahnen für den Stofftransport zwischen den Gliedern der Nahrungskette (MacArthur 1955). Jetzt ist es für einzelne Arten sehr viel schwerer, auf Kosten der anderen Arten eine Massenvermehrung zu erreichen. Die Vielzahl von Verknüpfungen (Abb. 9), insbesondere Rückführungen, erklärt auch das weitgehend gedämpfte Verhalten eines solchen Ökosystems. Dadurch, daß viele Nahrungsketten mit kleinen Amplituden der Individuen-

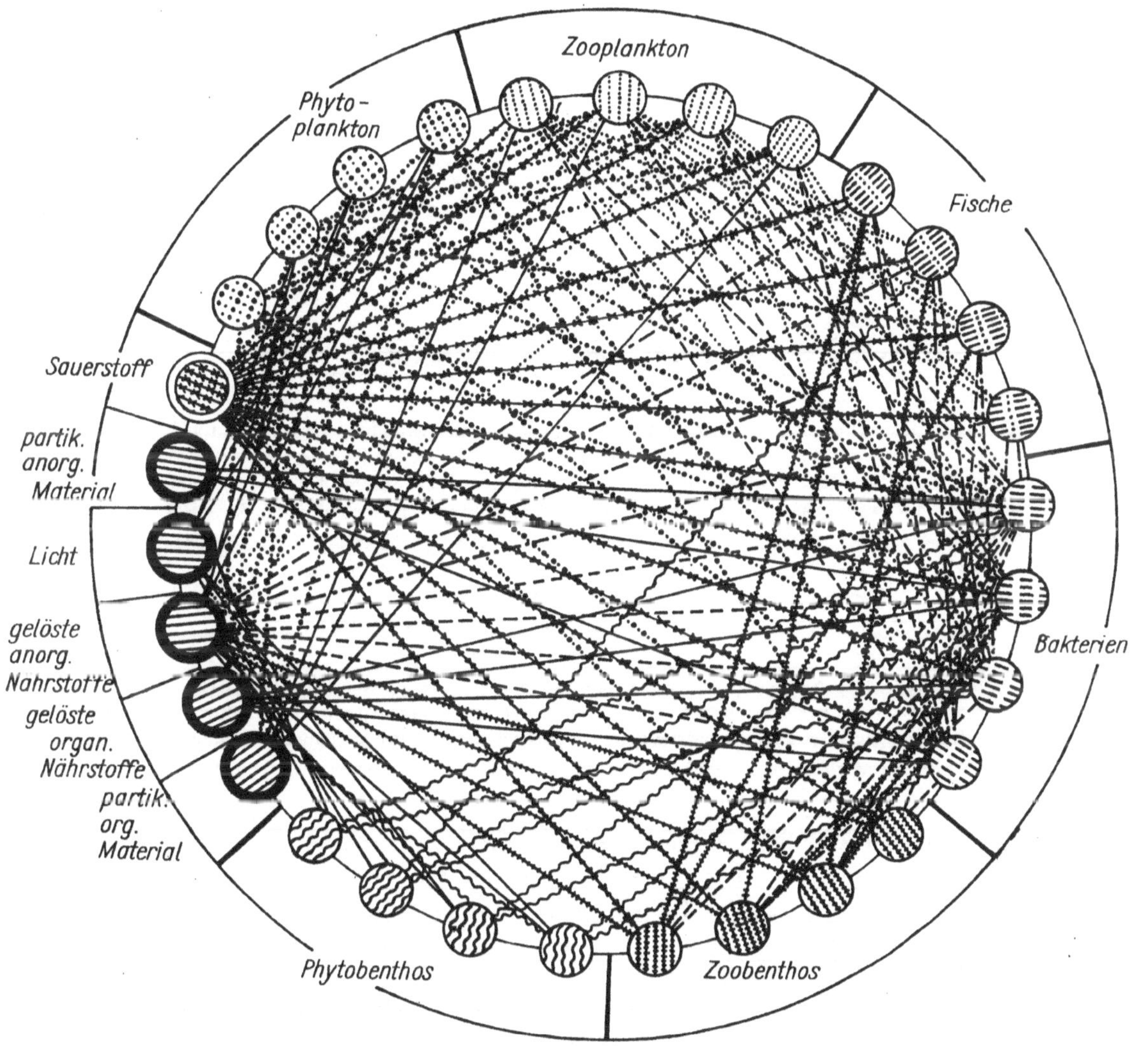

Abb. 9. Schema der wichtigsten intrabiozönotischen Wechselbeziehungen in einem stehenden Binnengewässer. Annahme, daß nur je vier Arten des Phyto- bzw. Zooplanktons, Phyto- bzw. Zoobenthos, der Bakterien und Fische nennenswert am Stoffumsatz beteiligt sind. Die Bereitstellung von Sauerstoff durch Photosynthese wurde nicht mit berücksichtigt. Die von den einzelnen Abteilen (z. B. Zoobenthos, Phytobenthos) ausgehenden Ströme von Stoff und Energie zeigen das gleiche Muster wie das Abteil. Die eingehenden Ströme sind an dem andersartigen Muster zu erkennen. Man beachte die im Vergleich zu Abbildung 8 wesentlich größere Komplexität.

zahlen überlagert sind (Abb. 10), resultiert in besonders artenreichen Ökosystemen, wie z. B. Klarwasserseen oder Korallenriffen, sogar eine sehr weitgehende Annäherung an einen Stationärzustand der Populationsstruktur. Wie Abbildung 11 schematisch andeutet, wird die Stabilität eines Ökosystems um so größer, je höher die Artenzahl ist (ODUM 1962, MARGALEF 1963). Andererseits erreicht auch eine Reinkultur den theoretisch möglichen Höchstwert. Dazwischen

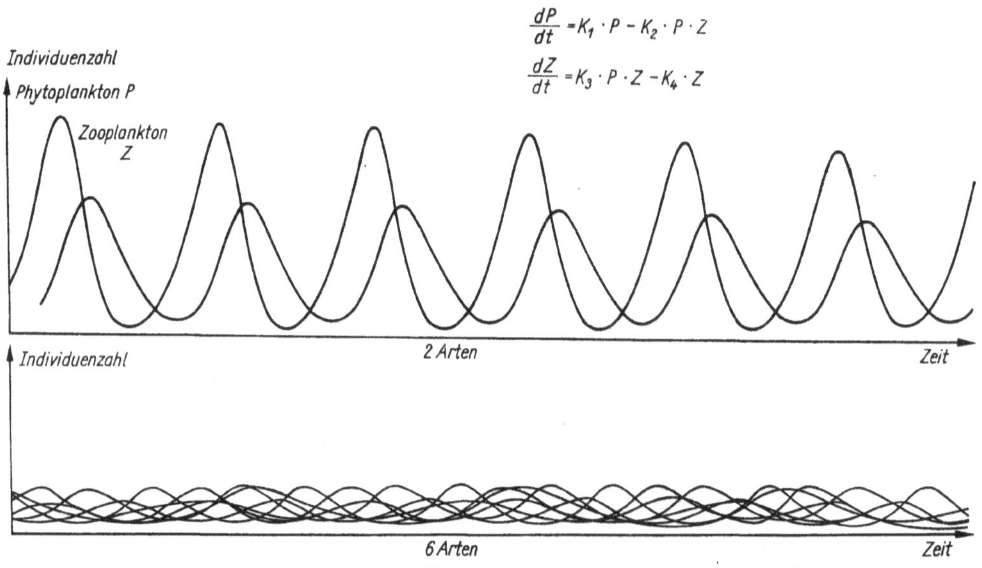

Abb. 10. Abnahme der oszillatorischen Instabilität bzw. Zunahme der Stabilität eines Plankton-Ökosystems mit zunehmender Artenzahl (Schema).

Oben: Wechselwirkung zwischen je einer Phytoplankton- und einer Zooplankton-Art entsprechend der „Räuber—Beute-Beziehung" (VOLTERRA 1931). Individuendichte des Zooplanktons im Verhältnis zu der des Phytoplanktons stark überhöht.

K_1 = Geschwindigkeitsbeiwert für das Wachstum des Phytoplanktons
K_2 = „ für „Gefressenwerden" des Phytoplanktons
K_3 = „ für Wachstum des Zooplanktons
K_4 = „ für Verluste des Zooplanktons

Unten: Verteilung des gleichen Nährstoff- bzw. Nahrungsangebotes auf eine größere Anzahl von Arten. Die höchstmögliche Individuendichte ist dadurch verringert. Bei noch weitergehender Verringerung der Amplitude ist ein „makroskopischer" Stationärzustand der Populationsstruktur (= parallel zur Abszisse verlaufende Gerade) vorstellbar.

liegt ein Minimum der Stabilität, das in einem Zwei-Arten-System (z. B. einer von einem Parasiten oder einem partikelfressenden Ciliaten infizierten Bakterienkultur) am stärksten ausgeprägt ist. (Allerdings gibt es auch Zwei-Arten-Systeme mit einer stabilen Gleichgewichtslage, CONTOIS A. YANGO 1964). Die Reinkultur ist natürlich kein Ökosystem, deshalb beginnt die Kurve eigentlich mit dem Minimum.

In den Ökosystemen der Gewässer verläuft die biozönotische Evolution von artenarmen Stadien mit starken Oszillationen hin zu artenreichen mit besserem Regulationsvermögen. Durch eine Abwasserbelastung bleiben jedoch die „unreifen", frühen Sukzessionsstadien mit Massenentwicklung weniger raschwüchsiger Arten erhalten. In einem natürlichen großen Gewässer-Ökosystem (Beispiel: Klarwassersee) ist die Produktion organischer Substanzen durch Photosynthese genau gleich ihrem Abbau durch Atmungsprozesse: $P = R$ (Abb. 12). In einem überdüngten System ist $P > R$. Stabil gehalten wird dieser Zustand teils durch künstliche Eingriffe (Ernte der Algen-Biomasse, Entfernung der durch überschüssige Biomasse

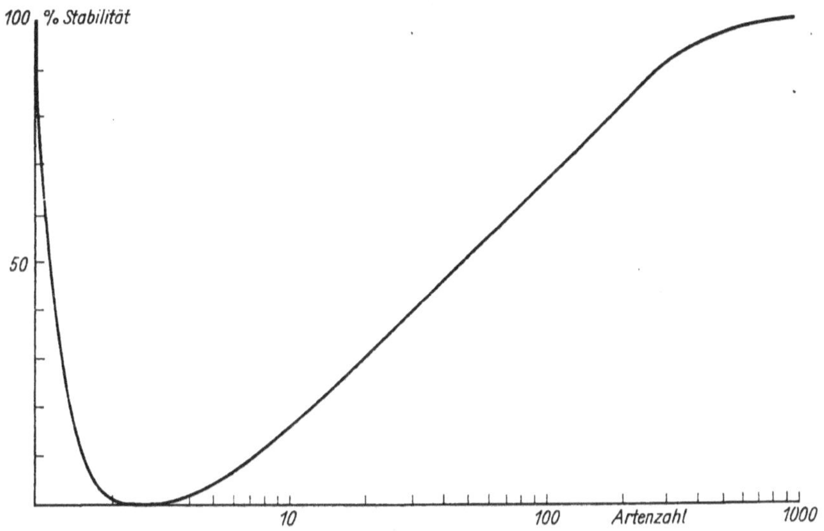

Abb. 11. Hypothetische Abhängigkeit der zeitlichen Stabilität der biochemischen Leistung eines Ökosystems bei einer Konstellation der Umweltbedingungen, die dem Optimum für das betreffende Ökosystem nahekommt. Höchstwerte in der Reinkultur (kein Ökosystem!) und in sehr artenreichen Systemen. Minimum in Zwei-Arten-Systemen mit Räuber—Beute-Verhältnis (vgl. Abb. 10 oben).

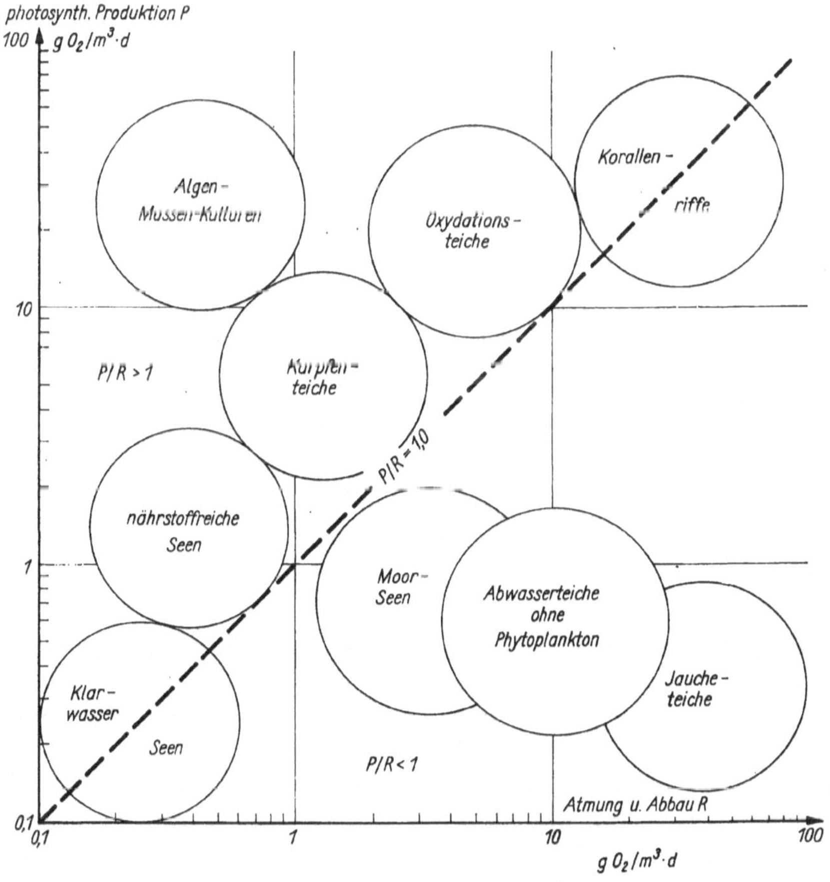

Abb. 12. Verhältnis von Gesamtproduktion P und Gesamtverbrauch R (Atmung, Abbau) von organischem Material bzw. Sauerstoff in unterschiedlichen Gewässer-Ökosystemen. In Anlehnung an ODUM (1956).

gebildeten Bodenschlämme), teils durch Kreislaufnutzung der einmal vorhandenen Nährstoffe. Bei starkem Import von organischen Substanzen ist $P < R$. Bei Ausfall dieser externen Energiequelle erfolgt meist ein Übergang zum System $P > R$.

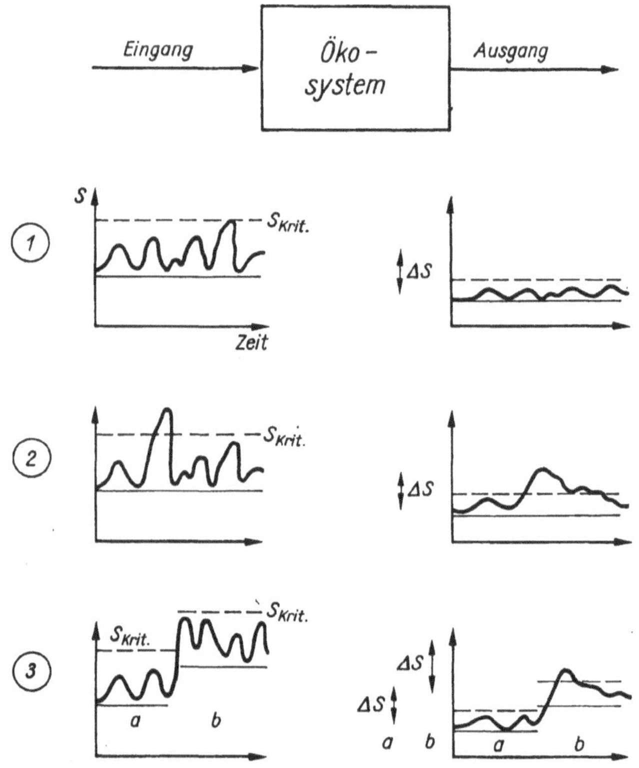

Abb. 13. Schema der durch ein hydrisches Ökosystem hervorgerufenen Amplitudenänderung einer Eingangsgröße, dargestellt am Beispiel einer zeitlich schwankenden Belastung mit abbaubaren organischen Substanzen S, die oberhalb der Konzentrationsschwelle S_{krit} zunächst auch toxisch wirkt.

① S wird nicht überschritten. Abnahme von S durch Vermischung und Abbau (Beispiel siehe Abb. 8c in: UHLMANN 1972).

② Überschreitung von S_{krit}, dadurch Hemmung des Abbaues und Erhöhung der Werte für S im Ablauf. Anschließend Wiederanpassung an das ursprüngliche Konzentrationsniveau.

③ Stufenförmige Erhöhung des Niveaus von S im Zulauf. Reaktion wie in ②, dann jedoch allmählich Angleich an ein neues, ebenfalls höheres Niveau von S im Ablauf.

Die Reaktion auf Störungen kann genau gekennzeichnet werden, wenn sie auf bestimmte Typen von äußeren Einwirkungen bezogen wird.

Beispiele:

1. Zufällige Konzentrationsschwankungen des Zulaufs in ein Gewässer, die einen bestimmten Schwellenwert nicht überschreiten. Dabei besitzt das Ökosystem die Fähigkeit, die Amplituden wesentlich zu verringern und die Konzentration der biochemisch verwertbaren Substanzen auf ein niedriges Niveau abzusenken (Abb. 13).

2. Stoßbelastungen, die vorübergehend einen kritischen Schwellenwert übersteigen, daher das biochemische sowie das biozönotische Gleichgewicht ändern: z. B. Zusammenbruch infolge einer toxischen Belastung. — Die zeitliche Entwicklung des Sauerstoffhaushaltes im Tiefenwasser neuangelegter Talsperren kann als exponentielle Abklingungskurve, entsprechend der Übergangsfunktion für ein Regelsystem erster Ordnung dargestellt werden (Abb. 14b, c).

3. Stufenförmige Erhöhung der Belastung. Ein praktisch besonders wichtiges, aber immer noch zu wenig untersuchtes Beispiel ist die Anpassung an die thermische Belastung eines Gewässers durch große Kraftwerke mit Durchflußkühlung.

Im Zusammenhang mit der „Reparatur“ eines geschädigten Gewässer-Ökosystems spielt auch die stufenweise *Verringerung* der Belastung eine wesentliche Rolle. Das ist der Fall bei

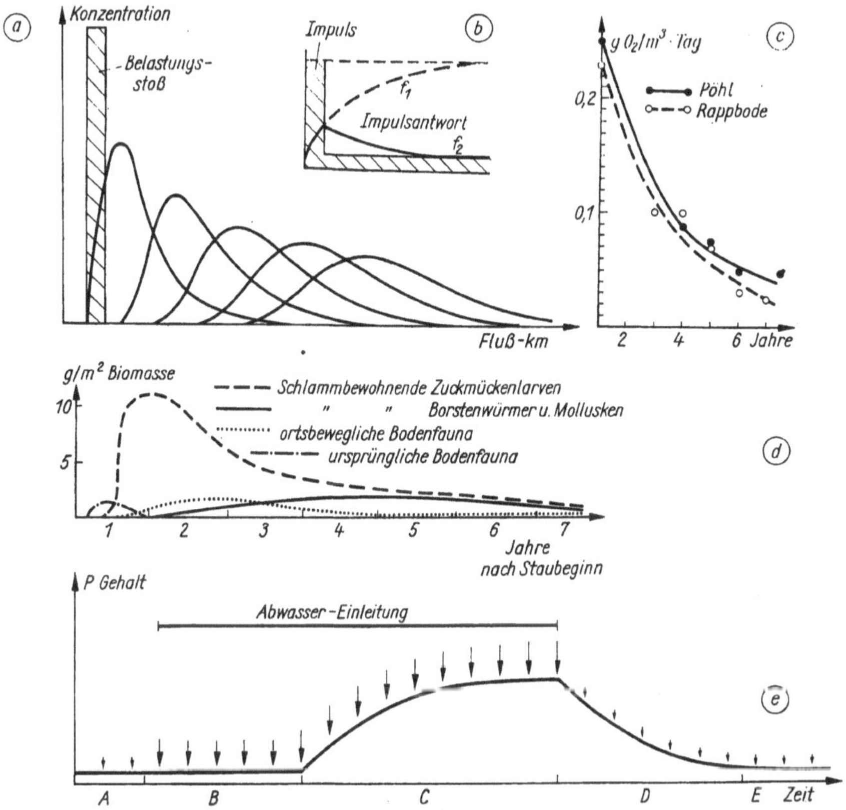

Abb. 14. Reaktion von Gewässer-Ökosystemen auf Stoßimpulse sowie auf die stufenförmige Änderung einer Eingangsgröße.

a) Abnahme der Scheitelhöhe eines Konzentrationsstoßes durch Vermischung (Längsdispersion), ohne Mitwirkung von Organismen.

b) Übergangsfunktionen für ein Regelsystem 1. Ordnung. f_1: Angleichung an eine stufenförmige Erhöhung der Belastung. f_2: Antwort auf einen Stoßimpuls.

c) Rückgang des Sauerstoffverbrauches im Tiefenwasser von Talsperren in den ersten Jahren des Anstaues. Ausgleich als exponentielle Abklingungskurve gemäß f_2.

d) zeitliche Verschiebung der Besiedlungsstruktur des Bodensedimentes im Wolgastausee Kujbyschev. Deutung in grober Näherung gemäß f_2 möglich.

e) Einstellung eines neuen Konzentrations-Gleichgewichtes nach starker Erhöhung des Phosphorvorrates im Wasserkörper eines Sees. Kumulative Wirkung von Abwassereinleitungen und Düngung landwirtschaftlicher Flächen. Schema. Kurze Pfeile: schwache Nährstoffbelastung, lange Pfeile: hohe Nährstoffbelastung.

A = ursprüngliche Gleichgewichtslage („oligotropher“ Klarwassersee), die dank dem P-Verbindungsvermögen des Bodensedimentes auch bei erhöhter Belastung (*B*) noch eine zeitlang erhalten bleibt. Von *C* an Einstellung eines neuen Gleichgewichtes („rasante Eutrophierung“): Ausdauernde Massenentwicklungen von Planktonalgen, dadurch hervorgerufener Sauerstoffschwund im Tiefenwasser. *D*: Abnahme des P-Gehaltes bis auf das neue Niveau *E* infolge Sanierung des Einzugsgebietes und Zufluß von P-armem Verdünnungswasser.

a) in Anlehnung an Rook (1971)
c) Zahlenangaben von Beuschold (1966) und Both (1969)
d) nach Morduchai-Boltovskoj (1963)

Sanierungsmaßnahmen im Einzugsgebiet von Seen und Talsperren, die eine weitgehende Rückhaltung der für das Algenwachstum maßgeblichen Pflanzennährstoffe gewährleisten.

Die Wiederherstellung der biozönotischen Struktur, die ursprünglich, d. h. vor Einleitung von Abwässern, bestanden hatte, ist in einem „stark offenen" System, z. B. einem Fluß, sehr viel einfacher als in einem stofflich weitgehend geschlossenen, z. B. Seen mit sehr langer Verweilzeit des Wassers (Abb. 15). Im letzteren Falle werden konservative Substanzen aus Abprodukten, z. B. Phosphorverbindungen aus der Großviehhaltung oder Quecksilber aus Indu-

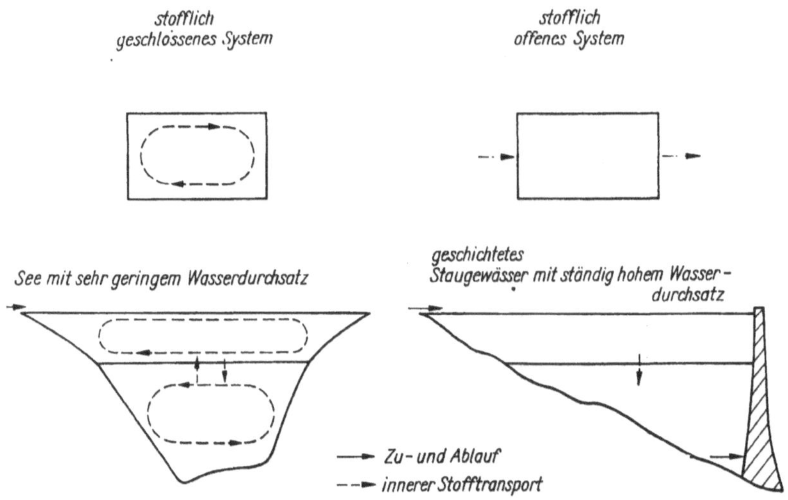

Abb. 15. Gegenüberstellung von stofflich (weitgehend) geschlossenen Seen mit stark ausgeprägtem Nährstoffkreislauf und stofflich offenen Systemen (z. B. Talsperre mit fast fehlender Kreislaufnutzung der Nährstoffvorräte). Aus UHLMANN 1972.

strieabwässern, akkumuliert, bzw. sie gelangen immer wieder in den Kreislauf. Die Geschwindigkeit einer Regeneration hängt bei einem Gewässer-Ökosystem dementsprechend vor allem von der Erneuerungsrate des Wassers ab, also dem Prozentsatz des Wasservolumens, der pro Zeiteinheit als Abfluß verlorengeht und durch eine entsprechende Zuflußmenge ersetzt werden muß. Während sich der Wasserkörper einer Flußstrecke innerhalb von Stunden oder Tagen erneuert, sind dafür in Talsperren und Seen Monate oder Jahre, in Seen oft sogar Jahrzehnte erforderlich.

Da in einem Fließgewässer nach einer extrem starken Stoßbelastung mit toxischen Abwässern eine Verödung eintritt, ist die Regeneration nicht nur an die Erneuerung des Wasserkörpers, sondern auch an die Geschwindigkeit einer Wiederbeimpfung gebunden. Hinsichtlich seines Artenbestandes ist jetzt das Ökosystem zunächst „ungesättigt". Die Beimpfung erfolgt vor allem durch den Zufluß aus nichtgeschädigten Gewässerstrecken sowie aus dem Bodensediment, wo von vielen Arten von Mikroorganismen lebensfähige Dauerstadien relativ lange Zeit existenzfähig bleiben. Eine Regeneration des ursprünglichen Bestandes ist bei kleinen, schnellwüchsigen Arten viel eher zu beobachten als bei großen, langsamwüchsigen. Bei höheren Organismen ist auch die Trefferwahrscheinlichkeit einer zufälligen Beimpfung geringer, die Einschleusung in das Ökosystem überdies oft an eine bestimmte Jahreszeit (z. B. Termin der Eiablage bei Wasserinsekten) gebunden. Je häufiger Stoßbelastungen auftreten, desto größer ist die Wahrscheinlichkeit, daß die Endglieder der Nahrungskette (z. B. Fische) weitgehend oder vollständig fehlen.

Noch wesentlich längere Zeiträume als die Sanierung eines Fließgewässer-Ökosystems erfordert die Seentherapie. Wie Abbildung 16 demonstriert, beträgt die theoretische Erneuerungsrate des Wasserkörpers in vielen Seen der Tiefebene, z. B. der Nordbezirke der DDR, weniger als 8% pro Jahr, im Baikalsee sogar nur ca. 0,25% pro Jahr. Letzteres entspricht einer mittleren theoretischen Verweilzeit von 400 Jahren. Positive Beispiele für die erfolgreiche Reparatur eines solchen Ökosystems sind u. a. der Zürichsee, der Lake Washington, der Trummen-See in Schweden. Ein noch positiveres Beispiel bietet der Baikalsee, wo die Voraussetzungen dafür geschaffen wurden, eine schwere Schädigung des Stoffhaushaltes, die ohne großen Aufwand an technischen Maßnahmen irreversibel ist, von vornherein, durch prophylaktische Maßnahmen, zu vermeiden.

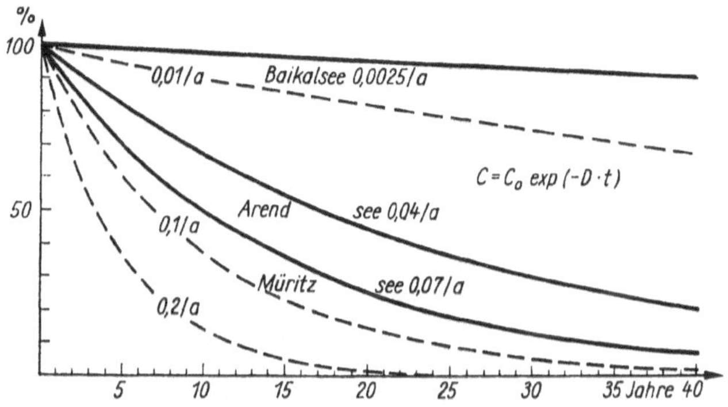

Abb. 16. Theoretisch zu erwartende Abnahme der Konzentration C_0 eines konservativen (nicht abbaubaren) Wasserinhaltsstoffes in Seen durch Verdünnung. Abszisse: mittlere theoretische Verweilzeit $\bar{t}$ des Wasserkörpers. — Vereinfachende Annahme, daß die Ausdünnung alle Teile des Wasserkörpers in gleichem Maße erfaßt (nach Uhlmann und Klapper 1973). D = theoretische Erneuerungsrate des Wasserkörpers (a^{-1}, pro Jahr). $D = \frac{1}{\bar{t}}$

Mit der Realisierung solcher großtechnischen Vorhaben kann in vielen Fällen nicht mehr gewartet werden, bis alle notwendigen Primärdaten über die Ökosysterne vorliegen. Es besteht jedoch vorerst ein großer Mangel an Methoden zur *Vorhersage* der Reaktion von Ökosystemen auf Störgrößen bzw. technische Eingriffe. Der planende Ingenieur erwartet vom Naturwissenschaftler und vom Mediziner verbindliche Aussagen darüber, welche Amplituden und welche Einwirkungsdauer z. B. hinsichtlich der Konzentration bestimmter Abwasser-Inhaltsstoffe noch zulässig sind, Aussagen darüber, unter welchen Randbedingungen eine Schädigung akut oder chronisch, reversibel oder irreversibel ist. Modelle von Ökosystemen, die solche Vorhersagen gestatten, ließen sich bisher vor allem für relativ einfach gelagerte Fälle realisieren, z. B. für homogene Gewässer-Ökosysteme, in denen keine räumlichen Gradienten existieren. Hier können für eine Berechnung des Verhaltens Analogien aus der biochemischen Verfahrenstechnik (Mischreaktor) herangezogen werden. Für die Planung neu zu errichtender Trinkwassersperren ist z. B. die Frage wichtig, bei welchem Nährstoffimport die Entwicklung des Phytoplanktons ein so großes Ausmaß erreicht, daß eine Aufbereitung als Trinkwasser nicht bzw. nur mit einem unvertretbar hohem Aufwand möglich ist. Für die Zeit der Frühjahrs-Vollzirkulation in der Talsperre, in der noch keine vertikalen Gradienten bestehen und die Phytoplankton-Entwicklung oft das größte Ausmaß erreicht, ist eine Vorhersage u. U. schon mit Hilfe eines recht einfachen Modells möglich (Kuzerski 1973, Abb. 11 in: Uhlmann 1972). Um die Entwicklung des Phytoplanktons auf ein noch tragbares Ausmaß zu reduzieren, kann z. B. eine sog. Vorsperre vorgeschaltet werden, in der bereits ein Großteil der für das Algenwachstum erforderlichen Nährstoffe von Phytoplanktern aus dem Wasser entfernt wird. Für die Berechnung des dafür erforderlichen Stauraumes, d. h. für die Optimierung des Baukostenaufwandes, kann das anfangs erwähnte Prinzip genutzt werden, daß die biochemische *Leistung* einer aus mehreren

Arten von Mikroorganismen bestehenden Population leichter vorausberechnet werden kann als etwa die Populations*struktur* (Uhlmann u. M. 1971, Benndorf 1972). Hierbei handelt es sich aber um Objekte, die einer Kausalanalyse noch am ehesten zugänglich sind, viel mehr als z. B. thermisch geschichtete Seen, als terrestrische oder marine Ökosysteme, wo räumliche Gradienten in drei Dimensionen bestehen und der Transport von „Planktonwolken" durch Advektion ein Verteilungsmosaik schafft, das nicht weniger kompliziert ist als das der Wolken am Himmel.

Auch für die Sanierung derartiger Ökosysteme sind großtechnische Maßnahmen notwendig, die ungeheure Summen an Bau- und z. T. auch Betriebskosten erfordern.

Gegenwärtig erfolgt die Entwicklung der Produktivkräfte schneller als der Zuwachs unserer Kenntnisse über die langfristigen Folgen und unbeabsichtigten Nebenwirkungen vieler technischer Eingriffe in die natürliche Umwelt des Menschen. Es ist deshalb notwendig, zur schnellen Entwicklung von Methoden beizutragen, die auf einer quantifizierbaren Grundlage eine Vorhersage „was passiert … wenn" ermöglichen. Nur durch die gemeinsame Entwicklung solcher Beurteilungsgrundlagen durch Naturwissenschaftler (vor allem Ökologen), durch Ingenieure und Gesellschaftswissenschaftler ist es möglich, von der Praxis einer nachträglichen Reparatur bereits eingetretener Schäden, die große volkswirtschaftliche Verluste verursacht, zu einer vorausschauenden Planung im Sinne einer Prophylaxe überzugehen, die von vornherein den gesamtgesellschaftlichen Interessen in bestmöglichem Umfang Rechnung trägt.